智慧农业与畜牧装备大数据实践丛书

智慧猪场建设与装备

Construction and facilities of smart pig farm

张 梅 马 伟 胡永松 / 著

中国农业出版社

北 京

图书在版编目（CIP）数据

智慧猪场建设与装备 / 张梅，马伟，胡永松著 . --
北京：中国农业出版社，2023.12
（智慧农业与畜牧装备大数据实践丛书）
ISBN 978-7-109-31433-7

Ⅰ . ①智… Ⅱ . ①张… ②马… ③胡… Ⅲ . ①养猪场
—经营管理 Ⅳ . ① S828

中国国家版本馆 CIP 数据核字 (2023) 第 222426 号

中国农业出版社出版
地址：北京市朝阳区麦子店街18号楼
邮编：100125
责任编辑：周锦玉
责任校对：吴丽婷　　责任印制：王　宏
印刷：北京中科印刷有限公司
版次：2023年12月第1版
印次：2023年12月北京第1次印刷
发行：新华书店北京发行所
开本：880mm×1230mm　1/32
印张：4
字数：125千字
定价：38.00元

近年来，随着人们对食品质量和安全要求的不断提高，猪肉作为人类重要的肉类来源之一，也受到了更加密切的关注。猪场作为猪肉产业链的重要组成部分，如何保证生产效率和产品质量，是猪场从业者所面临的重要问题。在这个背景下，《智慧猪场建设与装备》一书的出版，无疑是养猪行业的一次重要探索和尝试。

本书以实用性为出发点，著者凭借深厚的专业知识和多年在猪场从业的经验，详细介绍了猪场建设和管理中的各个环节，并给出了一系列的技术方案和实践经验，为广大养猪从业人员提供了有力的指导和帮助。无论是初入行业的新手，还是经验丰富的老手，都可以在本书中找到自己需要的信息和建议。

本书首先对智慧猪场装备进行概述；然后对智慧猪场建设中的各种设备和技术进行介绍，包括智慧猪场饲喂装备、饮水装备、清洁装备、环境装备、保育装备、疾病预防装备；最后列举了智慧猪场的建设案例。通过对这些设备和技术的详细介绍，读者可以了解到如何选择和使用最适合自己的设备和技术，从而提高生产效率和产品质量。案例的介绍，让读者对智慧猪场有了更完整的认识，对建设好智慧猪场有了更全面的参考范本。此外，本书涵盖从种猪到分娩母猪、从仔猪到成年猪整个过程的猪场管理、疾病防控等方面的智慧猪场装备和技术，并对其进行深入剖析，为猪场从业人员提供全面的解决方案。

在智慧猪场建设中，科技含量越来越高。本书强调了智能化、自动化、数字化等重要特点，为读者介绍了新兴技术在养猪行业中的应用，如大数据、人工智能等。这些技术不仅可以提高生产效率、降低成本，还可以帮助猪场从业人员更好地掌握生产管理，实现精准化运营。

值得注意的是，本书并不仅仅是一本理论性的著作，更是一本实践性极强的指南。著者在本书中不仅详细介绍了各种设备和技术的原理和性能，还结合实际操作经验，给出了具体的操作步骤和注意事项，从而使得本书的实用性得到了进一步提高，读者可以更加方便地将书中的建议和技术应用到实际工作中去。

总之，本书是一本不可多得的好书，为猪肉生产企业的经营者、管理者和技术人员提供了有力的支持和帮助，以利于他们更好地管理和运营自己的猪场，为保障食品品质和安全做出积极的贡献。同时，本书也适合农业科研人员、教育工作者以及相关政府机构参考。此外，本书还为相关装备生产厂商提供了开发新设备、优化生产流程的参考依据。希望这本书能够得到广大读者的认可和支持，也期待着更多的专业人士加入到智慧猪场建设中来，共同推动养猪事业的发展。

本书得到了中国农业科学院都市农业研究所、成都农业科技职业学院和西南大学等单位的大力支持，项目研究得到了鲁志平博士、李月英老师、王秀研究员、邹成俊教授、杜煦教授、田志伟博士等学者和专家的悉心指导和帮助，在此表示诚挚的谢意。四川鑫牧汇科技有限公司周思君总经理、万国起副总经理和吴仁彪副总经理长期参与著者团队的研究工作，做出了突出贡献，在此一并表示感谢。

书中难免存在疏漏和错误，恳请广大师生和学者批评指正。

著 者

2022 年 12 月 12 日

智慧猪场建设 | Construction and facilities
与装备 | of smart pig farm

目录

自序

1
智慧猪场装备概述 / 1
1.1 智慧猪场定义与分类 / 2
1.2 智慧猪场发展历史与现状 / 10
1.3 智慧猪场意义与评价 / 20

2
智慧猪场饲喂装备 / 25
2.1 液态饲喂装备 / 26
2.2 干粉饲喂装备 / 40

3
智慧猪场饮水装备 / 45
3.1 储水环节装备 / 46
3.2 运水环节装备 / 47
3.3 饮水环节装备 / 49

4
智慧猪场清洁装备 / 53
4.1 清洗对象 / 54
4.2 刮粪装备 / 58
4.3 生产装备 / 60
4.4 后处理装备 / 61

5
智慧猪场环境装备 / 63
5.1 外部环境 / 64
5.2 温度调控装备 / 66
5.3 通风装备 / 67
5.4 加热装备 / 72
5.5 防风装备 / 73
5.6 电控装备 / 74
5.7 气体传感设备 / 75
5.8 中央控制系统 / 76

6

智慧猪场保育装备 / 77

6.1 保育栏位装备 / 78
6.2 种猪护理装备 / 80
6.3 分娩产床装备 / 82
6.4 仔猪隔离装备 / 83
6.5 仔猪保育设备 / 84
6.6 妊娠管理系统 / 86

7

智慧猪场预防装备 / 89

7.1 自动注射装备 / 90
7.2 AI 巡检装备 / 91
7.3 突发疾病快检 / 92
7.4 生物安全管理平台 / 93
7.5 移动终端生物安全预防管理软件 / 94
7.6 智慧猪场全域生物安全预防管理平台 / 95
7.7 猪咳嗽分析系统 / 96

8

智慧猪场承包建设 / 97

8.1 智慧猪场建设硬件保障 / 98
8.2 智慧猪场建设软件保障 / 99

9

智慧猪场建设案例 / 105

10

展望与建议 / 113

10.1 展望 / 114
10.2 建议 / 115

后记 / 116

1
智慧猪场装备概述

智慧猪场建设
与装备

Construction and facilities
of smart pig farm

图 1-1　养猪场受到劳动力紧缺困扰

1.1　智慧猪场定义与分类

中国是世界第一生猪生产和猪肉消费大国。在我国人民肉类食品消费中，猪肉占比约 65%。猪肉供给关系到国计民生与社会稳定，养猪业具有"无猪不稳，猪粮安天下"的战略意义。目前，复杂国际形势、新冠疫情及非洲猪瘟疫情等多重因素叠加，给我国养猪业带来巨大压力的同时，也带来了新的发展机遇。

当前，我国生猪饲养量和猪肉消费量均占世界总量的一半左右。我国养猪业正处于生产结构调整优化、生产管理创新变革的转型升级关键时期，既面临着需求不断增长的重大利好，也受到养殖散户快速退出、劳动力日益紧缺、环保、非洲猪瘟等多重压力叠加的挑战（图 1-1）。

图 1-2　智慧猪场构想图

　　智慧化养殖已成为必然的发展趋势。未来，智慧猪场将在规模结构、产品结构和空间结构方面发生重大变化，因此，我国养猪业将向规模化、集约化和标准化方向转型升级。在信息化时代背景下，传统养猪业将迎来物联网技术、大数据信息技术、智能技术等先进的科技元素和生产方式，养殖方式不断创新蜕变，农业机器人将被大规模应用于智慧猪场中，智慧猪场发展将迎来大跨越、大发展的新时代（图 1-2）。

　　智能装备正快速应用在智慧养殖的多个环节。以农业信息技术为核心的智慧猪场技术和装备正在不断深入到生猪养殖的各个环节。通过智能感知、自动控制、远程监控等技术集成，笔者团队搭建了智慧养殖和远程管理的智慧猪场智能系统，加快推进育种管理、环境控制、精准投喂、疫病防控、远程诊断、

图 1-3　智慧猪场远程监控框架图和示意图

废弃物自动回收处理、质量追溯等智能装备的应用（图 1-3）。智慧猪场智能系统将成为生猪养殖业提高生产效率的重要技术抓手。

我国政府高度重视利用智慧化手段提高猪场高质量发展。2019 年 7 月 3 日，国务院办公厅印发《关于加强非洲猪瘟防控工作的意见》，要求在非洲猪瘟防控各环节实行"互联网＋"监管，用信息化、智能化、大数据等手段提高监管效率和水平。未来，要加快推动物联网、大数据、区块链、人工智能、5G、射频识别（RFID）等现代信息技术为核心的生猪智能养殖技术和装备在养殖业各环节的融合应用，将猪舍内的环境控制系统、智能饲喂系统、能源利用系统、粪

智慧猪场建设
与装备　Construction and facilities
of smart pig farm

图 1-4　猪舍环境信息采集及调控模型

污处理系统等多个管理系统连接起来，从而进行全方位的信息收集和数据化管理，实现生猪产业精细化管理和科学决策，推进智慧猪场的进一步发展。

1.1.1　智慧猪场技术分类

（1）应用环境实时感知与自动监测分析控制系统，实现对猪舍环境监测与最优化调控

实时监测 CO_2、氨气、硫化氢、甲烷、温度、湿度等各类猪舍内环境信息，并将各传感器用无线网络链接构成物联网，同时，利用各种环境传感器采集的猪舍内环境因子数据，结合季节，猪品种、不同生长期及生理等特点，制订有效的猪舍环境信息采集及调控模型（图 1-4），再利用湿帘降温、地暖加热、通风换气、高压微雾等设施与智能技术，建立评判综合环境舒适度的参数模型和阈值，分析建立环境参数与饲料转化率、生产性能等的关系，实现自动调控环境、优化生长条件的目的。

（2）应用全自动智能化饲喂系统，实现无人化、自动化精细喂饲

自动化精细喂饲包括定时定量、定时不定量和感知调节饲喂 3 种方式。定

图 1-5　感知调节饲喂　　　　图 1-6　生猪体质和生长情况实时感知监测示意图

时定量饲喂就是按一定时间，供给一定量的饲料，只要时间一到就投入一定量的饲料。定时不定量就是在一定时间根据经验进行调节，避免饲料过多引起饲料酸化。感知调节饲喂就是利用智能传感和电磁控制设备，实现自动输料饲喂和给水压力智能控制功能（图 1-5），再结合猪品种，生理阶段，日粮结构，气候，环境温度、湿度等因素，对饲料数量、加料时间及饮用水摄入量、水温、水质等搭建相关数字模型，实现自动智能化精细喂饲。

（3）应用射频识别（RFID）等智能感知技术，实现对生猪体质和生长情况实时感知监测、分析和智能调控

不同猪个体的精准监控是智慧养殖需要突破的关键技术环节。采用非接触技术进行自动感知可以动态获取不同猪个体的信息。RFID 芯片植入猪体，结合物联传感与视频监控系统，通过远距离 RFID 阅读、无线传感网络（WSN）相对定位，对生猪行为及心跳、体温等实时监测（图 1-6），这种技术最大的优势是可实现对每只猪个体的精准管理。

要对猪个体进行精准管理，除了获取个体的信息外，还需要通过猪病诊治模型、猪病预警模型等数学模型对猪的信息进行精准解析，实现生猪疫病从传统预防模式向预知模式提升。同时，利用监测到的生猪个体体质与行为信息数据，分析判断个体发情、进食、生病等行为，提前发现和获得生猪生长中的不同行为、生长状况和异常状况等信息，根据猪的动态表现分区分组管理，最终

智慧猪场建设 | Construction and facilities
与装备 | of smart pig farm

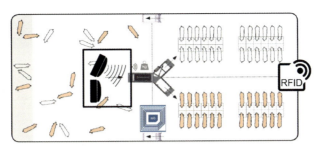

图 1-7　根据猪的动态表现分区分组管理

图 1-8　养猪场平台化管理

实现智慧猪场的精准管理（图 1-7）。

联合相关科研机构，研究制订完善的精准饲养管理模拟专家系统，实现从生猪养殖到肉品零售终端全生命周期信息的正向跟踪和肉品零售终端到生猪养殖逆向溯源。

（4）应用物联网和精准饲养专家系统，实现养猪场平台化管理和远程智能控制

当前智慧猪场产业重点发展互联网＋养猪，通过智慧养猪模式促进产业提质增效。根据现代生态养猪需求，研发个性化明显的物联网应用软件平台和移动应用终端，使系统具备实时采集高精度养殖环境参数、异常信息报警接收、智能化自动控制、联动操作信息通知等功能，并通过建立智慧牧场饲养管理总控制室，管理和技术人员可以通过控制室大屏系统或手机、PDA（智能巡检系统）、计算机等网络终端随时随地访问查看、了解、掌握猪舍内环境数据、猪只个体监测数据，接收报警信息，从而进行管理决策和实现远程控制（图 1-8）。

图1-9 基于大数据的生猪疫病防控

同时，该平台还突出大数据存储和应用，通过直观的图表，实现每个猪舍、猪个体的各项指标参数日、周、月、年的对比分析，为进一步提升数据化、精细化管理水平奠定基础。

（5）应用智能化机器人及大数据云平台，融合人工智能、机器视觉等技术，实现生猪疫病防控决策及遗传育种信息化管理

发挥大数据平台优势，为智慧化养殖决策环节提供数据支撑。针对猪场亟待解决的预警，降低养殖经济损失等问题，利用健康巡检机器人、防疫消毒机器人等手段实现疫病远程诊断。对收集的数据通过大数据分析及时发现问题，宏观上也可有助于疫病防控监管（图1-9）。同时，利用统一计算框架的生猪种质资源大数据云平台，融合人工智能、机器视觉等多种形态，为数据驱动和知识引导相结合的生猪育种研究提供智能服务。

（6）运用互联网技术，建立猪肉质量溯源系统，开展产品网络营销和网上体验

利用溯源技术确保畜牧产品更加健康安全。充分利用智慧牧场物联网系统

图 1-10　运用互联网技术建立猪肉质量溯源　　　图 1-11　智慧猪场"零排放"

在生猪饲养中积累的全程"大数据",开发建立猪肉质量溯源系统、产品网上营销展示系统和公司客户移动应用终端(APP)。网民和消费者可通过网络平台、手机客户端,实时观看养殖场生产管理实景,体验高品质猪肉的生产过程(图1-10),通过扫描产品二维码可查阅猪肉产品的全部信息和产品检测报告数据。

(7)应用排泄物自动回收和无害化处理与开发再利用技术,实现智慧猪场"零排放"和农业循环经济发展

绿色低碳生产技术不断被应用在智慧养殖环节。利用封闭式自动负压回收设施和无害化、资源化处理系统与技术,实现生猪粪尿排泄物实时回收和无害化处理与加工利用,生产出高端生物碳有机肥和叶面肥,既实现了猪舍内干燥清洁、无臭味、无污染,使生猪在洁净的环境下健康生长,又实现了养殖污染真正的"零排放"(图1-11),开辟了现代化养猪场生态养殖新途径。

综上所述,智慧猪场是未来猪场的发展方向,智慧猪场建设将改变养猪产业的发展格局,促进生猪产业的健康发展。智慧猪场技术将引发养猪业革命,带动生猪经济蓬勃发展,实现高效率、高产值、低污染和低能耗发展。

图 1-12　机械化养猪代替人工操作

1.2　智慧猪场发展历史与现状

　　工厂化养猪作为智慧猪场发展的必经阶段，已经历了机械化、信息化阶段，目前正在向数字化、智慧化迈进。机械化阶段是指在生猪养殖全程的各个环节（包括饲喂、环境控制、消毒、防疫、清粪、废弃物处理等）使用机械化作业代替人工操作（图 1-12）。目前我国大部分中小规模的猪场处于机械化和信息化阶段，大中型猪场开始向信息化和智慧化阶段转型。

　　信息化养猪阶段是指随着物联网和信息技术的发展，逐渐实现猪场生产数据的自动采集，同时利用信息管理软件高效地完成基本信息的统计和分析。信息化平台所采集的数据包括日照、降雨等环境信息，猪只体征数据，猪只运动

智慧猪场建设
与装备　｜　Construction and facilities
of smart pig farm

图 1-13 猪场生产数据的自动采集　　　　图 1-14 "互联网＋"智慧养猪新时代

行为特性，生产管理数据，乃至屠宰、分销物流信息等（图 1-13）。目前我国集团化养猪企业大多处于这一阶段。

比较而言，机械化阶段是通过人为控制设备执行各种操作，系统完全不感知外部信息，是个信息孤岛的系统；信息化阶段则由人工录入或传感器技术感知外界各类状态信息，通过基本的数据分析指导操作，是简单的信息反馈和交互的系统；而智能化阶段可将各类数据信息互联互通、相互融合，形成智能决策和网络控制，是一种全新的、复杂协同的知识自动化系统。

随着移动终端的多样化和移动互联网、云计算、大数据技术的应用普及，我国猪场建设开始进入数字化时代，互联网逐步渗入养猪的生产、交易、流通、融资等各个环节，带来了产业层面的转型与升级。随着市场与科技的进一步发展，我国将全面开展智慧化猪场建设。智慧猪场将智能化的互联网、物联网、大数据、云计算、人工智能等技术高度集成，与猪场生产形成更广泛、更深入的结合，并逐步尝试替代人的操控来自主智能化决策，养猪业迎来了"互联网＋"智慧养猪新时代（图 1-14）。

我国智慧猪场建设的研究起步较晚，配套的技术和装备也是在 2000 年以后开始发展，这一时期是我国猪场向自动化、高效化、智能化生产模式转变的变革时期。其间，我国从 2008 年开始逐步推广妊娠母猪智能化饲养管理系统，

图 1-15　智慧养猪技术交叉

并建立了新的养猪模式，对于我国智慧猪场的发展有很好的推动作用，虽然技术细节有待进一步完善，但该模式为智慧养猪提供了一个新的补充。

总体上，我国智慧养猪技术起步较晚，但是发展速度很快，与发达国家的技术差距在不断缩小。我国智慧养猪技术目前可分为自动化技术、信息技术和物联网技术三大部分，这些技术的相互交织利用和各分支新技术的不断引入，使得我国智慧养猪业的发展较为活跃（图 1-15）。

1.2.1　自动化技术

猪场的自动化技术是机械和电子在猪场的综合应用，主要是指在猪场采用自动控制技术来替代人工进行操作，实现对机械的自动控制和操作。近年来，适合于猪场的控制理论不断完善，快速发展的计算机技术使得自动化技术有了长足的进步。自动化技术在我国智能化养猪业中的应用目前主要集中在自动化

智慧猪场建设
与装备 ｜ Construction and facilities
of smart pig farm

图 1-16　智慧猪场自动化技术特点

图 1-17　干料饲喂装备

饲喂、自动化通风、自动化粪污处理等技术工艺上（图 1-16）。

自动化饲喂设备主要包括自动化喂料设备和饮水设备。自动化喂料设备又因饲料形态分为干料设备和液态料设备两种。干料工艺和配套装备是一种全封闭的饲料输送系统，干料自动输送供给能保持饲料清洁，减少饲料运输损失，并可实现在喂料的同时减少粉尘污染，但设备价格高、维修困难，技术门槛较高，主要应用群体为大中型养殖场（图 1-17）。

图 1-18　液态饲喂装备

　　液态料工艺是将混合均匀的液态料经饲料泵加压后泵出，通过热塑性树脂（PVC）饲料输送管道送至各个下料阀，指令通过传感器控制，由压缩空气的排放时间来控制下料量，整个过程由计算机控制（图1-18）。我国现有液态料自动输送设备最初是引进国外设备技术后进行集成创新和改良优化，使其适用于本土的猪场建设。目前主要存在问题是设备控制精度不够，饲料混合过程中出现饲料分层、营养素分离等。设备成本高，推广应用存在一定难度，基本应用于大型养猪场。

　　智慧猪场中自动化饮水环节设备主要包括乳头式饮水器、鸭嘴式饮水器和杯式饮水器等，国内较为常见的是鸭嘴式饮水器，有的还配备有饮水自动加热设备。

　　智慧猪场环境控制水平较高。目前，我国养猪业自动化通风设备的研究与应用主要集中在控制夏季高温，通过在猪舍内安装热敏仪，超过适宜温度范围就可自动启动通风设备。自动化粪污处理在国内并未形成系统化应用，还处于

智慧猪场建设　Construction and facilities
与装备　　　　of smart pig farm

图 1-19　信息技术在养猪生产管理中的应用

发展阶段，主要包括机械刮粪和粪污处理，而粪污传送至猪场废弃物处理中心仍然需要人工参与。我国规模化养猪场清粪方式可分为 3 种：水泡粪、水冲粪和干清粪。

1.2.2　信息技术

　　信息技术是计算机与物联网技术融合发展的产物，是发展迭代非常迅速的一种现代科学技术。近年来，信息技术开始与物联网技术深度融合，这将对智慧猪场的建设产生深远的影响。信息技术在智慧猪场生产管理中的应用非常广泛，主要包括猪场信息监控、工作任务统筹、种猪系谱管理、电脑育种选配、猪群保健和购销管理等（图 1-19）。

图 1-20 猪场实现标准化、健康化饲养

    智慧猪场通过信息管理软件系统，能快速掌握猪群生产性能方面的信息，凭分析结果做出正确决策，还能通过生产系统数据分析，根据市场行情调整上市猪的数量和猪群结构，控制养殖成本。我国智慧猪场信息管理系统的研究开发发展迅速，出现大量以 Foxbase 编制代替早期 dBASE 语言编辑的软件，还有根据遗传特性、代谢特点、生产函数和环境因素等建立的养猪生产系统计算机模型，能指导生产方向，改进生产技术。这些系统的研发应用不仅能提高猪场的管理效率，还有利于猪场实现标准化、健康化饲养（图 1-20）。

    信息技术在猪肉品质分级和估算种猪体重方面也有应用，但还处于实验室阶段，还未开发出成套的产品应用于实际生产。在猪肉品质检测中，通过计算机视觉技术提取图像原始颜色信息和纹理特征，并进一步对猪肉进行自动分级。

智慧猪场建设
与装备 | Construction and facilities
of smart pig farm

图 1-21　猪场物联网技术

1.2.3　物联网技术

物联网技术在我国智慧猪场建设的研究中开展较多，涵盖多个生产环节，主要技术包括智能耳标识别、母猪发情鉴定、智能分栏、精细饲养、环境检测、生猪和产品追踪溯源等，围绕这些具体需求，我国目前已拥有大量自主知识产权的专利和产品，物联网技术在智慧猪场中的应用为我国参与国际竞争提供了科技支撑（图 1-21）。

图 1-22　物联网技术在养猪业中广泛应用

　　物联网技术在猪场中应用较为广泛的是猪的电子耳标。电子耳标中用到的无线射频识别（Radio Frequency Identification，RFID），是一种可通过无线电讯号识别特定目标并读写相关信息的自动识别技术。与传统的二维码耳标相比，RFID 电子标签具有存储数据量大、多目标识别、耐磨损和能回收等优势。利用 RFID 技术，养猪生产者能跟踪和记录猪场建设，猪只品种、日龄、生产性能指标、日常管理信息、疾病、免疫和出场等信息，这些数据不仅可以通过大数据、云计算等先进技术促进行业的健康有序发展，还为物联网技术在养猪业中开展应用做好了铺垫（图 1-22）。

智慧猪场建设
与装备　｜　Construction and facilities
of smart pig farm

图 1-23　智慧猪场广泛的网络化平台

图 1-24　智慧生产模式的集中展示

　　智慧猪场把工业上智能制造的理念迁移到养猪业中来，围绕养猪产业链构建更广泛的网络化平台（图 1-23），在此技术平台基础上，在智慧猪场实际生产中集成各类软、硬件产品和新技术手段，带动整个产业的转型升级。

　　智慧猪场的技术平台主要涉及猪场大数据平台、猪场物联网平台等。运用到的关键技术包括人工智能技术、云计算技术等，智慧猪场是一个智能技术综合运用的应用场景，是智慧生产模式的集中展示（图 1-24）。

图 1-25　环保和猪场效益的平衡

1.3　智慧猪场意义与评价

　　现阶段我国养猪业面临较大的环保压力，许多猪场关注的重点都转移到与环保有关的粪污治理等技术环节。随着国家对环境治理要求的不断提高，对传统猪场提出了升级改造的要求，但短期来看，因猪场改造不会显著增加猪场利润，导致养猪业应用智能化粪污治理技术的积极性不高，因此需要在环保和猪场效益之间找到一个平衡点（图 1-25）。

图 1-26　养猪业健康可持续发展

图 1-27　托举智慧猪场到更高的水平

　　智慧养猪技术是促进我国养猪业健康可持续发展的重要力量。环保整治的大背景之下，我国养猪业规模化、集约化猪场必将占据主要地位，努力发展各项智能技术将更有利于规模化、集约化猪场的运行（图 1-26）。

　　智慧养猪技术的发展研究不仅有利于提升我国养猪技术水平及降低生产成本，而且可进一步促进养猪业资源整合和可持续发展，将智慧猪场的发展托举到一个更高的水平（图 1-27）。

图 1-28　猪场插上了互联网的翅膀

　　智慧猪场建设受到国家"互联网＋"战略的影响，养猪业智能装备的发展也插上了互联网的翅膀，互联网智慧养猪关键技术和装备的不断突破，将为智慧猪场的低成本、标准化和高效化提供支撑（图 1-28）。"互联网＋养猪"已经成为诸多大型养殖企业在激烈竞争中立于不败之地的有效手段，并将长期影响养猪产业的发展。

智慧猪场建设
与装备　　Construction and facilities
of smart pig farm

图 1-29　我国养猪业开始走低能耗绿色发展之路

　　目前，我国生猪养殖业面临着激烈的竞争。国外依靠规模化低成本养殖带来的价格优势给国内养猪业带来了巨大的冲击。国内主要面临非洲猪瘟、蓝耳病等疫病和环保等发展瓶颈的掣肘，以及国内智慧猪场建设技术革新日新月异，行业龙头企业之间的竞争日益加剧等，这些因素导致整个生猪市场弥漫着浓浓的硝烟味道。从发展前景上看，规模化、生态化是未来的发展趋势，对于猪场的管理方案，智能化管理系统已渐渐进入我国的养殖场中，我国养猪业开始走低能耗、绿色发展之路（图 1-29）。

图 1-30　我国智慧猪场必将在未来的发展中取得长足的进步

　　智慧猪场的建设将大大提高猪场的生产和管理效率、动物的福利水平及畜产品质量安全的监管能力，发展前景非常广阔，在新技术和新装备不断引入、行业整体技术水平不断提升的情况下，我国智慧猪场必将在未来的发展中取得越来越大的进步（图 1-30）。

本章小结

　　本章从智慧猪场定义与分类、发展历史与现状、意义与评价三个方面概括了智慧猪场建设的必然性和重要价值，图文并茂地总结了行业的关键技术，方便读者快速了解智慧猪场的整体情况。

2
智慧猪场饲喂装备

智慧猪场建设
与装备

Construction and facilities
of smart pig farm

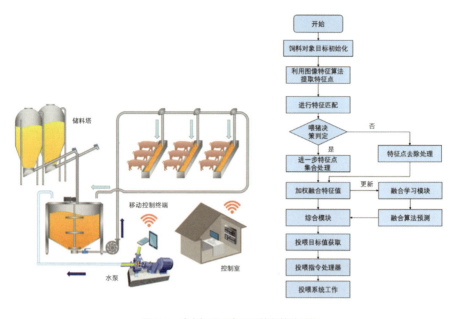

图 2-1　液态饲喂示意图和控制算法逻辑

2.1　液态饲喂装备

2.1.1　液态饲喂原理

高效饲喂是现代规模化猪场控制成本的非常重要的环节之一，饲喂的饲料类型主要包括液态料、干粉料等。选用液态料的液态饲喂在养猪领域有着悠久的历史，国内外传统的养猪方法大都是液态饲喂或半液态饲喂，随着集约化养猪模式的日益发展，逐步发展出多种饲喂方式。

液态饲喂通常指的是将混合料（包括能量、蛋白质、矿物质、各种添加剂等）在饲喂前与水按照一定比例混合均匀后，通过管道或其他方式输送到食槽，水料的比例一般要求在 2.5∶1 以上（图 2-1）。

图 2-2　欧洲液态饲喂场景

基于该技术原理，笔者团队在智慧饲喂方面的多个环节开展技术创新和攻关，先后解决了残余饲料清空回收利用、大功率送料机状态监控和基于物联网移动控制终端等多个技术难题，并在成都、重庆周边猪场开展科技示范应用。

液态料饲喂系统在欧洲国家使用较早，普及程度也较高，目前北欧已有60%～70%的规模猪场采用液态饲喂方式，南欧约为40%，并且有逐年上升趋势（图2-2）。我国从2000年以前开始探索应用液态饲喂，最早采用芬兰的技术思路和装备，有诸多不合适之处，主要受认识和技术问题等主要矛盾制约，突出反映在液态饲喂管道残留问题、反水问题、液态料混合问题，以及清理饲喂管道不彻底造成的残留物酸败，引起的猪只生病问题等。2015—2018年，法国等发达国家饲料设备公司以及国内龙头饲料设备制造企业在技术上不断创新，逐步攻克了上述技术难题。这些技术上的突破促进了此类智能装备在我国迅速普及，液态饲喂装备开始在我国规模猪场大量安装。

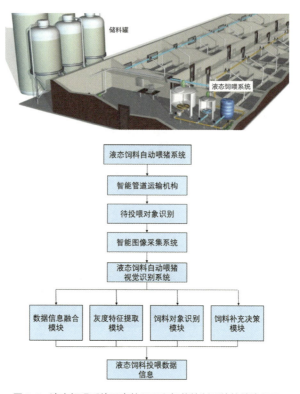

图 2-3 液态饲喂系统示意效果图和智能控制系统软件流程图

2.1.2 优点

与干粉料和颗粒料等相比，液态饲料适口性更好，更能引起猪的兴趣，能够增加猪只采食量和采食的积极性；液态饲料转化率比干饲料高 10% ～ 15%，并可减少 5% 的饲料浪费；液态饲料不会在圈舍内产生粉尘漂浮，可有效降低猪只呼吸道疾病的患病率；液态饲料在搅拌的过程中，可以完美地与发酵饲料结合，并且能够充分与酒糟、糖浆、豆类谷物类等加工副产品相结合使用；通过液态饲喂系统设计，建成科学化的饲喂系统，可对后期的生产起到事半功倍的作用（图 2-3）。生产实践中也发现，采用全套的液态饲喂自动化装备可以显著提高生猪的生长速度（图 2-4），全程使用液态饲喂的育肥猪，能够使猪只提前 10 ～ 15d 出栏，而且猪群体重之间的差异小、整齐度高，有助于销售环节经济效益的提高。

智慧猪场建设 | Construction and facilities
与装备 | of smart pig farm

图2-4 全套液态饲喂装备实物

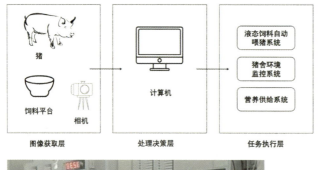

图 2-5 智慧化的液态饲喂系统示意图和远程调节饲喂量实物

液态饲喂适用于母猪、仔猪、保育猪、育肥猪等不同阶段猪只生长饲喂的需求，可以根据不同阶段猪的生理需求有针对性地调整饲料。液态饲料对上述四个阶段的好处是显而易见的：①对于母猪，能够提供营养的同时还可以提供水分，而且可以提高哺乳期母猪的干物质采食量，提高其生产性能；②对于仔猪，刚断奶的仔猪如果直接从母乳转换为干饲料，容易引发仔猪断奶应激现象，可能会出现食欲下降、掉膘、腹泻等情况，而液态饲喂能够有效地降低仔猪断奶应激；③对于育肥猪，能提高育肥猪对养分的消化率，改变日粮的理化性质和生物学构成，可使育肥猪更快地达到屠宰体重。

智慧化液态饲喂系统最大的优点是能远程实时调节饲喂量（图 2-5），操作人员通过控制中心的控制电脑可自动获取和监控当前主要饲喂系统装备的运行状况和饲喂信息，可以手动操作或者通过程序控制，从而精准地调控饲料量，最大限度地提高饲喂效率和饲料利用率，做到饲喂过程的精准控制。

图 2-6　液态饲料的自动控制界面

图 2-7　液态饲喂管路系统

在智慧化的液态饲喂系统中，液态饲料的自动控制采用软件设定，通过设计友好的人机界面（图 2-6）可以方便实现饲料喂给控制。在软件界面中，可以直观看到系统运行的状态，各个机构都通过三维图形化显示，图形的动态变化显示系统运行是否正常，运行中的问题可以通过对话框显示出来，在第一时间对操作者进行提示和报警；也可以通过多个窗口对不同的猪舍进行分区管理，这种分区管理非常利于育肥和妊娠等不同阶段区别化饲喂，按照不同的饲喂方案，建立不同的管理工程文件进行精细化的管理。

液态饲喂通过管道直接将饲料运输、投喂到指定地点，根据猪只的分区情况，精准定量地将饲料投入固定的食槽内。由于饲料在整个过程中属于全程封闭的管理，很大程度上保证了饲料的清洁。管路系统在猪舍内安装简洁，易于后期管理（图 2-7）。

图 2-8　饲喂系统电磁阀

图 2-9　饲喂管路布设

　　饲料通过电磁阀门进行开关：当控制系统发出打开的信号，电磁阀打开，饲料开始供给；当控制系统发出关闭的信号，电磁阀关闭，自动停止饲喂。笔者团队也尝试采用脉冲电磁阀对饲料流量进行动态调节，与传统的开关电磁阀相比，这种脉冲电磁阀可以稳定地调控流量，实现更加精准地对饲喂量连续调节（图 2-8）。

　　为了提高安装效率，笔者团队设计的饲喂系统在安装时，将主要管路布设在猪舍内、外，以及猪舍间的连接通道、走廊的顶部，具体安装位置位于上方通风管道旁，通过金属支架悬挂固定（图 2-9）。

图 2-10　建设期的猪舍内饲喂管道实物

图 2-11　进猪后的猪舍内饲喂管道实物

考虑空间的综合高效利用，猪舍内部也是将饲喂管道布设在天花板上面，采用悬挂的方式，用螺栓和各种标准化的金属条将管道固定好。按照猪舍内部分区管理的需要，每个分区留一个饲喂管道口，定时定量将饲料送到食槽内（图 2-10）。

饲喂管道的维护保养也是项目研究过程中遇到的难题。进猪后，猪舍内饲喂管道要定期按照标准化的方法进行维护，包括清洗和检修。在此过程中，为避免猪只产生应激，不适合频繁维护，因此智能猪舍要按照标准化流程进行，避免后期维护频繁影响猪只生长（图 2-11）。

图 2-12　固定不同高度的食槽

图 2-13　安装挡板的食槽

　　液态饲喂系统启动后，当开始饲喂时，液态饲料直接通过高压方式在管道内流动，根据分区饲喂方案直接加注到对应的喂食槽内，喂食槽根据猪的大小固定到不同的高度，方便猪只舒适的进食（图 2-12）。

　　液态饲喂系统工作时，猪都在食槽里进食（图 2-13），依靠食槽两侧的挡板，饲料就不会飞溅到外面，避免饲料在被猪吃食的时候浪费掉，起到节约饲料的作用。

智慧猪场建设
与装备

Construction and facilities
of smart pig farm

图 2-14 母猪饲喂装备运行现场

图 2-15 笔者团队研发的仔猪限位围栏

图 2-16 育肥猪饲喂装备运行现场

液态饲喂系统可用于喂养不同阶段的猪只，包括母猪、仔猪、育肥猪等。不同类型的猪对应的饲喂系统技术原理类似，但具体的尺寸和结构存在差异。液态饲喂系统装备针对猪的差异采用不同尺寸和结构，主要目的是提高猪的舒适性（图 2-14）。

饲喂系统配备一些辅助设施的目的是发挥保护作用。例如，借助护栏等设施可保护仔猪不会被母猪压在身下，避免仔猪窒息而造成不必要的损失。另外，小猪护理设备的使用，还可提高猪场空间利用的效率（图 2-15）。

饲喂效率也是饲喂系统需要重点考虑的问题。一是分离饲喂方法。育肥猪的液态饲喂采用护栏分离开，采用集中方式饲喂，可以提高饲喂效率。二是高效供料方法。育肥猪的供料流量相对较大，因此，饲喂系统流量参数也相应地设置到较高水平（图 2-16）。

图 2-17　笔者团队参与建设的液态饲喂猪场

2.1.3　发展前景

液态饲喂系统的有关理论、技术和智能装备的研究逐步成为焦点，主要集中在智能化技术的工程机理，对肉质的影响，对猪只消化生理、消化率等的影响，以及与发酵饲料的结合等有关技术瓶颈。世界范围内主要发达国家也将液态饲喂智能装备研发作为重点突破，例如笔者团队和德国西门子公司组成科研团队，投入研发力量从新型智能化 PLC（可编程逻辑控制器）入手，针对智慧猪场建设不断突破，探索如何充分利用智能控制提升液态饲喂系统优势。该合作项目已经取得了多个技术突破。从全球发展前景看，无论从促进猪只的生长和健康，还是从提高猪肉品质来看，液态饲喂都会迎来一个高潮。

笔者团队参与了多个智慧猪场的建设，所研发的液态饲喂系统得到了广泛应用（图 2-17）。

智慧猪场建设与装备　　Construction and facilities of smart pig farm

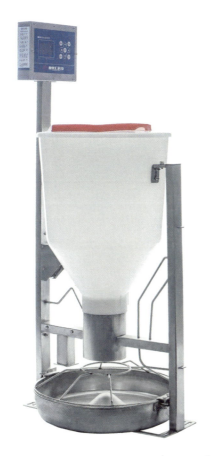

图 2-18　智能粥料机

　　智慧猪场建设需要用到系列化的专用智能装备。其中，饲喂环节也有诸多应用，包括智能粥料机、智能耳标和智能饲喂中央控制系统等。智能粥料机是利用控制器进行程序设定实现对饲料定时定量投放的智能装备。该装置内设的控制器可以设定多个饲喂程序，根据猪的不同生理阶段，选择添加不同的配方，按照不同的饲喂方案进行投料喂料（图 2-18）。

图 2-19 智能耳标

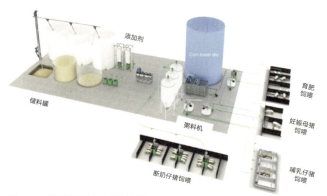

图 2-20 智能饲喂中央控制系统

　　智能耳标利用内部的无线天线，能实现非接触猪只个体的自动识别。智能耳标是猪群精准管理的重要技术手段。通过对猪只个体的身份识别，对每头猪进行精准管理和精准饲喂，实现按需供料和按时供料，提高饲料利用效率（图2-19）。在具体的日常生产管理中，通过耳标获取猪个体信息，利用笔者团队开发的控制器远距离非接触动态采集猪只个体的信息，动态掌握每个猪的活动范围，根据需要精准管理饲料的投喂量。

　　智慧猪场的信息采集终端获取的信息经过计算机处理后，可以作为智能饲喂中央控制系统的决策依据。该系统采用变量控制器和多种传感器实时获取饲喂数据，通过控制器计算决策后，对智慧猪场的饲喂全供应链进行动态调控，实现精准饲喂（图2-20）。

智慧猪场建设
与装备

Construction and facilities
of smart pig farm

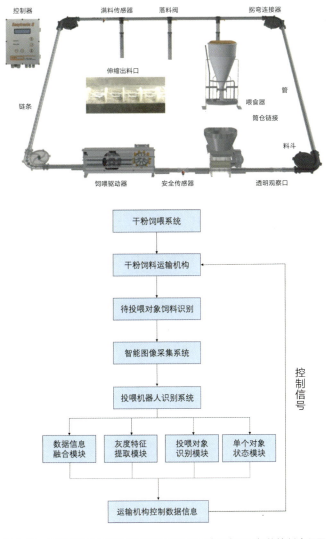

图 2-21　笔者团队参与设计的干料饲喂料线系统示意图和智能控制流程图

　　在智慧猪场建设中，干粉饲喂装备需要预先成排地安装在猪舍内，相比液态饲喂，干粉饲喂设备的体积较大。伸缩出料口内部安装的排料器，依靠驱动电机，按照控制器的设定，精准定量地将饲料排到饲喂槽中（图2-21）。

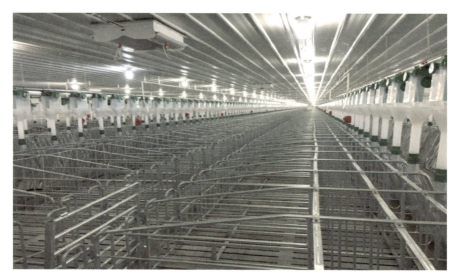

图 2-22　干粉饲喂设备

2.2　干粉饲喂装备

　　干粉饲喂系统的智能料线装备主要包括控制器、满料传感器、落料阀、喂食器、饲喂驱动器和安全传感器等部分。控制器调节饲料驱动器停车或加速，对供料进行动态调整。满料传感器和安全传感器负责采集料线系统运行状态的信号，将信号发送给控制器，当料线出现异常时，紧急停车（图 2-22）。落料阀作为开关用来控制饲料口的打开和关闭，打开后饲料落入喂食器，通过饲喂器进行连续饲喂。

　　饲喂系统的标准化作业对于确保安全、提高作业效率至关重要。笔者团队研究并起草了饲喂系统的操作规程企业标准，为企业生产提供指导。饲喂系统安装调试完成后将猪放入，此后设备的维护和保养须注意不能影响到猪的状态，设备的使用管理要标准化（图 2-23）。

智慧猪场建设
与装备

Construction and facilities
of smart pig farm

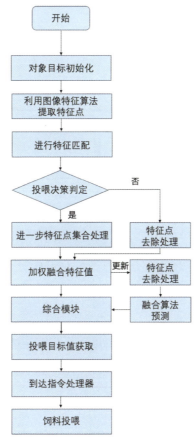

图 2-23　使用中的饲喂系统实物和自动控制算法流程图

图 2-24　猪场饲喂系统配套的料塔

　　饲料的持续供应是保证智慧猪场科学运转的关键环节。为了方便物流货车装卸饲料及对外来车辆消毒，笔者团队按照独立分区管理的原则，在智慧猪场建设过程中，单独预留一个隔离的区域来放置饲料。饲喂系统使用的饲料预先被保存在远离养殖区的猪舍，储存在一个特制的料塔中。料塔一般修建在室外，安置在猪场道路旁位置，方便运输车辆往来作业，干料首先存放在料塔内，根据饲喂计划通过料线输送饲料到猪舍内（图 2-24）。

智慧猪场建设
与装备

Construction and facilities
of smart pig farm

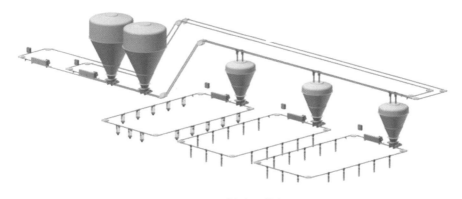

图 2-25　多级饲喂管路

　　笔者团队针对智慧猪场建设需要，参与开发和推广的干料饲喂系统，在可靠性方面进行了反复优化，对于易损部件的材料和结构都进行了测试和改进，尤其对于新材料的引进和筛选也进行了多方面尝试。按照智慧猪场稳定运行15年的建设要求，笔者团队对各部件的疲劳强度都进行了计算机模拟和材料实效试验，确保智慧猪场建设以及后期运行的可靠性。

　　笔者团队新研制的干粉饲喂系统主要部件都达到国际先进水平。塞链输送长度600m以上，塞链输送效率22kg/min以上，系统设计了基于物联网的生产数据收集和管理的功能。试验数据表明，该系统和传统的机械式干粉饲喂系统相比，能显著改善料重比参数，节约饲料15%以上。从维护保养的角度，笔者团队也新设计了注塑模具，对于磨损部件等易耗品反复改进，增大了拉力值2倍以上，提高了送料系统的稳定性。

　　随着企业创新技术的不断进步，干料饲喂系统的技术发展前沿展现出智慧化、多级化和精准化的特点。一是基于传感器的智慧化管控。料线多处重要节点布设了大量专用传感器，实现了饲料移动的智慧化管控。二是饲喂过程多级化。饲喂料线的管道划分成多级，从料塔输出的饲料，首先根据分区管理的原则进入区域二级储存箱，再进一步根据饲喂的便捷性进入三级储存箱，然后逐级进行饲喂。三是饲料存量精准化。采用料塔在线称重、料线排料监控等数字化管控方式实现饲喂多环节精准化管理（图 2-25）。

<h2 style="text-align:center">本章小结</h2>

本章从液态饲喂装备、干粉饲喂装备两种不同形态的饲料饲喂装备系统出发，详细介绍了笔者团队开发的两种系统的技术原理和功能特点，并介绍了围绕生产难题开展技术突破的有关情况，突出了饲喂装备在智慧猪场建设中的重要地位。

智慧猪场建设
与装备

Construction and facilities
of smart pig farm

3

智慧猪场饮水装备

智慧猪场建设
与装备

Construction and facilities
of smart pig farm

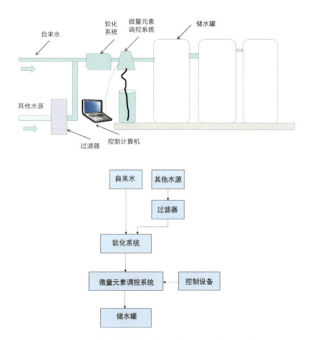

图 3-1　储水环节装备作业示意图和智能控制流程

　　智慧猪场对投入品有着严格的管理制度，其中为猪只每日提供安全清洁的饮用水就是需要重视的重要环节。为了隔离病毒、保证安全，智慧猪场对猪的饮水供应系统要求严苛，即要求给猪持续供应新鲜、无污染、除掉氯的饮水。除了保证饮水量和饮水时间精准控制、供应合理之外，还得对各种微量元素进行合理调控。智慧猪场饮水装备主要包括储水环节装备、运水环节装备和喂水环节装备。

3.1　储水环节装备

　　储水环节装备主要是将不同来源的水源进行过滤、软化和调控后，将合格的水储存在密闭的容器中，为猪场的运行提供稳定的水源。储水环节装备主要包括预处理、调控和储水三个部分。预处理主要包括过滤器、软化系统等（图 3-1）。

智慧猪场建设
与装备　｜　Construction and facilities
of smart pig farm

图 3-2 储水环节装备实物

　　根据猪场养殖规模的差异，储水系统的容积、管路系统的布置各有差异。总体上说，智慧化程度越高的猪场，储水的监管会越规范，系统运行和维护越科学，使用记录越详细，养猪场整体对储水环节装备的引入和更新迭代也更加重视（图 3-2）。

3.2　运水环节装备

　　清洁的饮用水从储水地点输送到猪舍内，再精准地流到饮水的器具中，这个完整的过程如何保证高效和清洁就是运水环节需要重点解决的问题。运水环节包括管线送水、移动送水车送水两种。管线送水就是将管路固定和布置在顶

图 3-3　管线送水的送水管路　　　　　　　图 3-4　管线送水的回水装备

图 3-5　移动送水车

部的天花板上，通过高压水泵将水送到猪舍里的不同位置，实现连续供水。优点是效率高，控制系统简单高效；缺点是需要购置压力水泵或者架设不同高度的压差装置（图 3-3）。

　　管线送水可以根据控制器的程序设定自动回收多余的水，经处理后再次使用，能够实现水资源的循环利用，可以方便地添加微量元素或兽药，增加饮用水的防病功能（图 3-4）。

　　移动运水车是小规模养猪的另外一种备选的低成本送水方式，通过静音橡胶脚轮安装在底盘上，采用蓄电池作为驱动，在养殖猪舍内进行移动作业，根据猪的大小精准地往进水口中注入一定量的清洁水；同时能通过车载控制器根据饲喂方案设置加药量，在饮水的同时实现猪病的精准预防（图 3-5）。

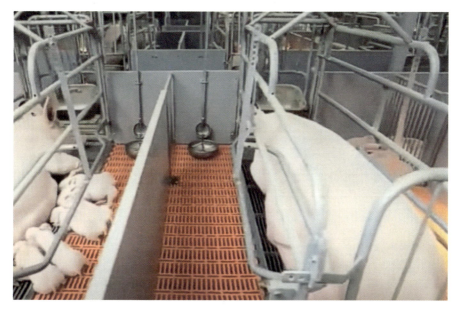

图 3-6　仔猪和母猪饮水装备

3.3　饮水环节装备

饮水环节装备对于不同生理阶段的猪有一定的差异。科学饮水对于仔猪和母猪的健康至关重要，由于猪的个头大小存在差异，饮水器具的大小和高度也就相应地存在差异，因此哺乳母猪和仔猪的饮水的装置是独立的，并且将母猪和仔猪的活动区域通过围栏进行划分。仔猪饮水多采用小型的器具，通常接近地面，采用一大一小两个饮水器，两个饮水器上下不同高度布置。水先流到小容器，再流到大容器。母猪饮水采用大容器，蓄水后方便母猪快速喝水。饮水的过程中可以根据需要在管线中精准控制，定量添加兽药和微量元素，以提高猪的抗疾病能力（图 3-6）。

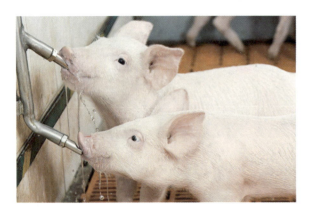

图 3-7　仔猪饮水设备

　　仔猪饮水设备的种类主要包括鼻压式、碗碟式和孔式等（图 3-7）。饮水装备应经常冲洗，保持器具的清洁。干净卫生的器具可更好地保障仔猪的健康，提高仔猪的免疫能力。为了解决健康科学饮水的难题，智慧猪场通过建设智能平台对智能供水装备进行自动化调节，实现对猪场供水系统的精准控制，达到节约和高效用水的目的。

　　饮水设备利用自身的嵌入式控制器系统可以进行供水的自动调控。作业时，通过电磁阀可以快速精准调节流量。饮水装备调控的技术原理是采用脉宽调试的方法，通过变量控制器输出不同宽度的脉冲对电磁阀的开度大小进行精准的开关，通过电磁阀的开口大小可以很精准地控制单位时间流过电磁阀的饮水量，达到按需控制不同猪饮水量的目的。该系统参照国际经验，对猪饮水设备的流量按照表 3-1 进行设定。

表 3-1　饮水器控制流量及安装高度

猪龄	流量（L/min）	安装高度(cm)
哺乳仔猪	0.35	12
不哺乳仔猪	0.7	24
体重 30kg 猪	1.2	40

智慧猪场建设
与装备

Construction and facilities
of smart pig farm

猪龄	流量（L/min）	安装高度(cm)
体重 70kg 猪	1.5	50
成年猪	2.0	70
产仔母猪	2.5	80

图 3-8　碗状饮水器

图 3-9　智能干湿料机

　　除了流量控制外，猪饮水用的器具的固定安装高度也要参照表 3-1。其中使用最为普遍的碗状饮水器，固定在水管的末端，高度 12cm，该装置通过触发开关可以实现随时供水，方便猪的使用（图 3-8）。孔式饮水器通过一个开很多孔的塑料管子，定期放水，实现饮水的高效管理。

　　除了直接饮水外，为了方便管理仔猪，笔者团队也尝试采用智能干湿料机来为仔猪补充水分，并及时添加其他营养元素，保证仔猪的健康。通过对干料里添加饮用水，搅拌成湿料后给仔猪饲喂。这种智能装备，通过预设饮水程序，可以自动调控饮水时间以及饮水量，并可根据需要定时自动对饮水设备进行消毒（图 3-9）。

图 3-10　仔猪舍

图 3-11　智能自动饮水成套设备

　　对仔猪的精细护理可以采用不同规格的智能饮水设备。笔者团队对于生病的仔猪进行了隔离护理，采用更小规格的智能饮水设备，避免仔猪之间通过饮水交叉感染。健康的仔猪 8 个一组，单独提供一个饮水设备（图 3-10）。

　　笔者团队对于 30kg 以上的猪多采用智能自动饮水成套设备（图 3-11），这样在确保饮水卫生健康的前提下，提高了饲喂精度，降低了劳动强度。

<h2 style="text-align:center;color:#2e74b5;">本章小结</h2>

　　本章根据智慧猪场用水的流程，按照储水环节装备、运水环节装备和喂水环节装备三个方面依次总结了当前智慧猪场建设中可用于饮水环节的关键技术和智能装备，首次展示智慧猪场科学饮水的技术体系。

4

智慧猪场清洁装备

智慧猪场建设
与装备

Construction and facilities
of smart pig farm

4.1 清洗对象

智慧猪场的标准化运行维护有助于猪场科学防疫，杜绝疾病传播，事关猪场的经济效益，因此该领域一直是智慧猪场的研究热点，具有巨大的市场潜力。在管理流程上，对于从智慧猪场外部进入的车辆、人员，要进行严格的清洁工作。主要包括人员流程管理、车辆流程管理、物资洗消记录和智能监管等四部分（图 4-1）。

笔者团队开发的人员流程管理包含人员入场审批、人员入场管理、人员隔离管理、栋区串线管理、人员淋浴管理（人员门禁 12 个，智能花洒 6 套）；车辆流程管理包含车辆入场审批、车辆洗消时间管理（车辆识别装置 2 个）；物资洗消记录包含物资消毒入场管理，物资消毒臭氧、紫外浓度监控（人员门禁 2 个，紫外探头 1 个，臭氧探头 1 个）；智能监管包含重点监管点、区域异常监管（智能监控 10 个）（图 4-1）。

笔者团队针对智慧猪场清洁需求开发了生物安全防控系统，实现人车物联动监管，将智慧猪场的清洁装备通过物联网技术形成了一张大网（图 4-1）。

智慧型猪场内部的清洁，主要包括围栏、饲喂设备、饮水设备、地板、粪道防护板等的清洁。猪场内部的设施设备及环境需定期进行彻底清洁，这样做的好处是杜绝病原滋生，确保养殖环境干净卫生。在养猪转场的间隙时间，对整个猪舍内部进行彻底清洁和消毒是极其重要的环节。清洁过程多选用智能装备代替人工进行，从而实现标准化、高效化和自动化（图 4-1）。

智慧猪场建设
与装备 | Construction and facilities
of smart pig farm

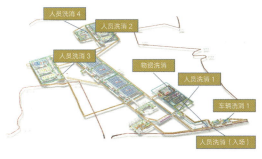

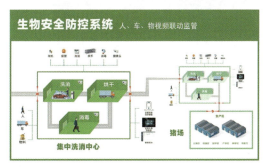

图 4-1　智慧型猪场外部人员流程管理和沐浴消毒、内部清洁需求

图 4-2　粪道内壁

图 4-3　猪舍棚格板地区

　　智慧猪场的猪舍地下部分需要清洗的重要区域是粪道内壁防护板，由于猪场多采用水泡粪的模式，因此粪道的清洗消毒是消除病原最重要的环节。粪道内部空间狭小，多采用智能装备代替人进行清洗（图 4-2）。

　　母猪和仔猪舍也需要重点清洗，围栏采用圆形金属管，高压冲洗就可以将其清洗干净。笔者团队设计的智慧猪场地板选用水泥挤压预制的栅格板，粪便从栅格的缝隙流下去，被集中到出口清理。笔者团队在实际试验中发现，栅格板周围的地面区域也是污染的主要区域，清洗不下来的地方就需要磨地机来清理（图 4-3）。

图 4-4　清洗后的饮水设备及饲喂设备

图 4-5　清洁的地板表面

　　地板经过标准化清洗后，要进行采样检查，确保不留死角，彻底清洁干净。在实际生产中，笔者团队调研发现，冲洗过程中也存在交叉污染其他设备的问题。因此智慧猪场的冲洗设备要注意调节好冲洗设备的压力，选择合适的喷嘴，操作时注意冲洗点和角度，避开地板上放置的饮水设备，冲洗后饲喂设备上不要有污水渍（图 4-4）。

　　猪舍在正常使用的养殖期内，也要时刻注意随时对地板进行清洁，以杜绝地板上的粪便成为猪舍臭味的来源，从而提高猪舍空气质量。对地板的清洁是猪场卫生管理的重要环节（图 4-5）。

图 4-6　两种刮粪机

4.2　刮粪装备

除了清洁地板表面，地板以下的粪道也是清洁的重要方面。对于猪舍内地板下方的粪道内固定成型的粪便，采用刮粪机进行清理。刮粪装备结构主要包括 V 型刮粪机和平型挂粪机，V 型刮粪机刮出来的猪粪含水率为 75%～80%，可直接进行堆肥或送入发酵设备进行发酵。平型刮粪机能将粪沟内的尿液和粪便同时刮出，可有效避免粪污长期堆积造成的渗漏问题（图 4-6）。

笔者团队从稳定性和性价比等角度，利用计算机模拟设计开发了牵引式刮粪机，通过拉力传感器判断刮粪的阻力来判断作业状态。该刮粪机采用一大一小两个独立电机的动态组合来提供动力，解决省电和高效的生产难题（图 4-7）。

智慧猪场建设
与装备　｜　Construction and facilities
of smart pig farm

一级刮板（室内）

二级刮板

提粪装置

图 4-7　笔者团队安装的智能刮粪机示意图

图 4-8　笔者团队安装的
智能刮粪机实物图

图 4-9　机器人清洗粪道

　　该刮粪机在 2 个侧面各安装 2 个滑轮，在底面安装 4 个滑轮，通过 8 个滚动滑轮的限位确保刮粪过程中受到大阻力时不会发生卡死现象。牵引钢索通过 1 个定滑轮拉动刮粪板往复运动，电机和控制装置则安装在室外的固定区域（图 4-8）。

　　由于粪道内空间狭小，因此粪道的清洗多采用机械化作业的方式。笔者团队开发的智慧猪场清洗机器人基于机器视觉进行自动导航，可以在自主行走的同时拖动水管在粪道中移动作业，同时高压清洗喷枪旋转，实现 360°的自动冲洗；可以在冲洗后同时喷洒消毒剂，为粪道内部进行彻底的净化（图 4-9）。

4.3 生产装备

为了实现清洗装备的规模化推广应用，笔者团队除了研制新型的粪道清洗机器人、高压清洗设备外，还开展了适合智慧猪场建设的环保耗材的探索，设计并生产了专用的清洁地板（图4-10）。

为了提高猪场清洁地板的质量和生产效率，笔者团队改进和优化了猪场地板专用生产装备（图4-11），采用专用的加工装备，对材料配方进行反复试验，并优化了不同配方对应的锻压作业的压力值，实现地板性能最佳，确保了使用寿命，同时降低了地板重量，并且笔者团队还开展了大规模示范应用，取得了很好的市场反响。

图 4-10　批量生产的清洁地板

图 4-11　猪场清洁地板生产场景

智慧猪场建设
与装备　｜　Construction and facilities
of smart pig farm

4.4 后处理装备

　　智慧猪场专用的污染物后处理装备有助于减少污染排放，对于确保猪场的可持续运转非常重要。为了更好地处理清洁废弃物，笔者团队研发了污泥深加工和再利用装备，将清洁污水进行净化后重新投入使用，实现节约资源的同时保护环境（图4-12）。

　　根据猪场管理需要，对于清洁过程中收集的废弃物，要集中进行无害化处理，笔者团队研制开发了无害化处理装备并进行应用（图4-13），可直接对废弃物进行自动化处理，避免二次污染。

图 4-12　猪粪的循环利用

图 4-13　无害化处理装备

图 4-14　废弃物发酵装备

　　为了进一步对粪便、废弃物等进行发酵处理，笔者团队开发了废弃物发酵设备，通过精准控制系统实现废弃物的智能发酵（图 4-14）。

本章小结

　　本章从污染处理的先后顺序出发，按照清洗对象、刮粪装备、生产装备、后处理装备四个环节介绍了笔者团队围绕清洁装备的探索性工作，也为清洗装备的发展指明了方向。

智慧猪场建设
与装备

Construction and facilities
of smart pig farm

5
智慧猪场环境装备

智慧猪场建设
与装备

Construction and facilities
of smart pig farm

图 5-1　选址位于丘陵深处的猪场

5.1　外部环境

猪场的选址修建对外部环境有严格的要求，周围 3 ~ 5km 范围内不能有生活区、工业区及其他污染源，以便杜绝外来因素的影响。笔者团队参与建设的智慧猪场多设计选址在丘陵山区，良好的外部环境对猪场的后期疫病防控和科学运营有极大帮助（图 5-1）。

智慧猪场建设
与装备　｜　Construction and facilities
of smart pig farm

图 5-2　楼房养猪

图 5-3　楼房养猪的外景

　　由于建设用土地的成本较高，新建猪场的发展方向开始朝着垂直空间发展。楼房养猪就是在这样的背景下逐渐起步的。楼房垂直化养猪将猪舍建立在多层楼房内，可充分利用楼宇的内部空间，提高单位土地面积的养殖利润，是一种高效养猪的方式（图 5-2）。

　　楼房养猪的规划建设需考虑诸多因素，其中猪场周围的地形是一个重要方面，另外，通风和采光也是楼房养猪的关键影响因素，楼房养猪充分利用了立体空间，但是当猪场建成后，后期的智能装备数量较多，猪场的运行维护管理相比较地面猪场更加复杂（图 5-3）。

图 5-4　笔者团队建成的猪舍中的降温设备

5.2　温度调控装备

温度是猪场环境调控最主要的参数之一。猪场的温度调控装备使用最多的是降温湿帘，该装置是利用流动的冷水从猪舍中流过带走猪舍内部空气热量的方式，达到快速降低猪舍内温度的目的。在夏季的猪舍管理中，由于温度变化非常快，而过快增长的温度会对猪造成不利影响，因此自动化的温度调控至关重要（图 5-4）。

智慧猪场建设
与装备　　│　Construction and facilities
　　　　　　of smart pig farm

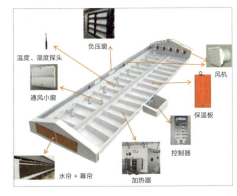

图 5-5　笔者团队研发的智能通风系统

图 5-6　智能通风系统风机及安装效果

5.3　通风装备

通风是减少猪舍内部异味、提高猪舍内部空气质量的重要手段，目前多采用强制通风的方式，利用电机风扇实现空气对流，从而达到换气的目的。笔者团队开发的通风系统，在扇叶一致性、轴承耐磨性和电机耐高温方面和同类产品相比可靠性更高，能效比高出 10% 以上，高风量高出 5%，设计使用寿命 15 年以上。该系统采用基于物联网的全自动化控制系统，对通风作业过程的数据进行自动收集、分析决策和任务管理（图 5-5）。

笔者团队设计的智能通风系统的风机选用玻璃钢材料，形状为喇叭口风机，有 4 个规格，分别为 24、36、50、54 寸（图 5-6），适合各种不同面积的猪舍进行通风。

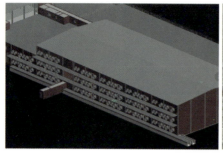

图 5-7　通风设计及建设

　　智能通风系统风机的具体参数如表 5-1 所示：

表 5-1　智能通风系统风机的主要参数

名称	额定功率（kW）	风量（m³/h）				
		静压（Pa）				
		0	15	25	37	50
54 寸*玻璃钢拢风筒风机	1.5	55 500	52 900	50 800	48 300	45 600
50 寸玻璃钢拢风筒风机	1.1	46 500	44 000	41 500	38 900	35 200
36 寸玻璃钢拢风筒风机	0.75	23 500	22 500	21 800	21 000	20 000
24 寸玻璃钢拢风筒风机	1.55	11 700	11 300	11 100	10 600	10 200

*这里的"寸"通常指的是"英寸"，英寸（in）为我国非法定计量单位，1in≈2.54cm。——编者注

　　笔者团队在智能通风系统风机装备的设计上，综合采用空气流体动力学模型，将全曲面和曲面融合。笔者团队的设计方法可有效保证通风系统的科学性和合理性。同时通过专业的软件进行流体仿真分析和风洞试验，尽量降低阻力和损失，降低能耗。通风设备的电机配备铝合金散热器，可提高连续运转的稳定性及设备的寿命。笔者团队采用计算机对通风系统的设计进行优化和提升（图 5-7），确保得到理想的效果。实际建设中，进风窗被安装在猪舍上天花板，用来引导风的分布（图 5-7）。

智慧猪场建设
与装备　　Construction and facilities
of smart pig farm

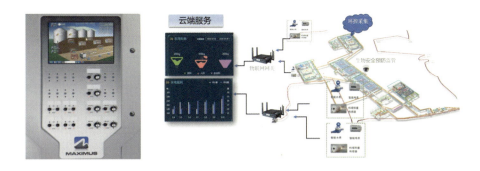

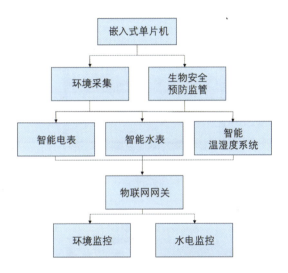

图 5-8　进口通风智能控制系统实物、示意图和控制流程图

　　智能控制系统多采用嵌入式单片机作为处理器，通过交互界面设定控制程序，不同位置通风系统风机作业的状态可以通过面板上的 LED 屏动态显示（图5-8）。系统将分布在不同物理空间的控制设备通过云端集成在一个平台上，通过云服务的方式实现环控采集和高效管理。智能控制采用单片机作为处理器，基于农业物联网实现环境采集和生物安全预防监管两个主要功能（图 5-8）。

随着智能手机的快速普及，通风装置配套的智能控制系统开始采用电脑、平板电脑和手机进行控制，利用应用程序（APP）能方便地查看智能系统的状态、报警信息和当前的控制参数，从而方便地调整智能系统的作业程序（图5-9）。

聚焦智慧养殖，基于自动化控制物联网系统，通过大数据汇总分析养殖设备的运行数据，实时监控猪舍温度等环境信息的变化，同时采集饲料添加、粪污清理、猪群健康情况等数据，提高养殖场运营效率，推动养殖行业走向"智造时代"。所有控制器均可通过网络远程控制，建立多用户、多权限、多身份的统一用户管理体系（图5-9）。

智慧猪场建设与装备 | Construction and facilities of smart pig farm

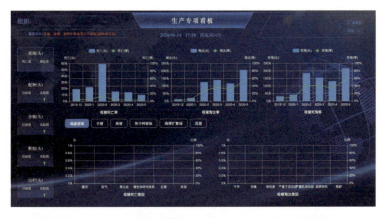

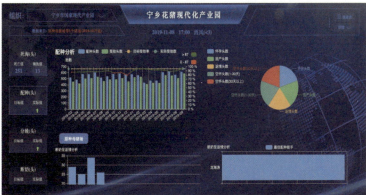

图 5-9　智能控制系统终端及其控制界面

图 5-10　猪场加热装备　　　　　　　　图 5-11　国外的猪场加热装备

图 5-12　仔猪舍加热装备

5.4　加热装备

　　冬季猪场需要加热装备来调节温度。猪场的加热装备悬挂在进风口外侧，电加热空气后，通过风机将热风精准送到猪舍内，提高猪舍环境的温度，为猪场安全越冬提供保障（图 5-10）。

　　仔猪在冬季的保温需要更加精细的管理，除了正常的加热装备外，还会额外采用加热灯进行加热，可以保持仔猪始终生活在相对温暖的环境中，利于仔猪健康生长（图 5-11、图 5-12）。

智慧猪场建设
与装备　　　　Construction and facilities
of smart pig farm

图 5-13　仔猪舍防风装备

5.5　防风装备

　　由于防疫的需要，很多猪场选址在丘陵山区，为了确保猪场的生产安全，必要的防风装备不可或缺。防风幕可以自动打开，固定在猪场的进风口和出风口，可有效保护猪场（图 5-13）。

5-14　猪场电控装备

5.6　电控装备

　　猪场的电器设备较多，科学的配电系统可有序地对用电设备进行管理，发挥重要作用。电控装备按照电压分为高压区和低压区，220V 和 380V 采用空开，24V 采用低压继电器，电控装备采用智能控制器进行作业装备的监控（图5-14）。

图 5-15 智慧猪场几种主要的气体传感器

5.7 气体传感设备

　　猪舍内的空气质量实时监控通过传感器（图 5-15）自动采集数据。猪舍是密闭环境，空气中气体浓度信息的采集频率需要至少 5s 采集一次，需要采用更加可靠的变送器对传感器数据进行处理，并及时发送到控制器中进行运算处理和传输。处理后的数据结果用来精准控制通风装备和加热装备，达到节约能源的目的。

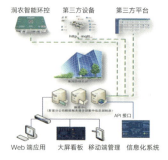

图 5-16　猪场多媒体信息的采集和查看

图 5-17　中控系统的智能处理和决策结果

5.8　中央控制系统

中央控制系统用来采集整个猪场的环境数据，并结合其他文本数据和多媒体数据，和第三方设备及平台兼容，进行智能处理和决策，决策结果通过 Web 应用端、大屏看板、移动端管理和信息化系统进行发布（图 5-16）。中控系统的智能处理和决策结果可直观显示出来（图 5-17），并依据决策结果调控作业装备参数，对于优化整个猪场的管理水平至关重要。

本章小结

围绕智慧猪场环境装备，从外部环境、内部环境两个方面进行总结，其中内部环境进一步从调温装备、通风装备、加热装备、防风装备、电控装备、气体传感设备、中央控制系统等七个方面层层介绍了智慧猪场建设所需的装备，内容翔实，实操性强。

智慧猪场建设
与装备　｜　Construction and facilities
of smart pig farm

6
智慧猪场保育装备

智慧猪场建设
与装备
Construction and facilities
of smart pig farm

图6-1　母猪分娩栏位系统

　　我国养猪产业链已经进入明确分工的阶段，笔者团队参与建设的猪场都有明确的类别定位，包括种猪场、育肥猪场等。种猪场专门用来繁殖，养殖种猪来繁育仔猪。为了提高猪场的经济效益，种猪场积极采用智能化的技术和装备，通过对母猪和仔猪进行专业和精心的护理，可以获得健康的仔猪，从而产生较高的利润。

6.1　保育栏位装备

　　保育栏位系统是安全保育的基础装备，能为母猪的分娩提供良好的环境（图6-1）。笔者团队长期开展保育装备的结构、材料及使用寿命的试验测试工作，通过对栏位系统的不断优化，不断提高栏位系统的适应性。笔者团队设计的保育围栏尺寸为3.6m×2.4m×0.6m，限位栏2.1m×0.6m×1m，食槽容量21L，仔猪躺卧区面积1.6m²。母猪限位栏规格长2100～2300mm、宽530～700mm。保

图 6-2　仔猪保育栏位系统

温箱结构为封闭式，盖板和其他部分连接紧密，可为仔猪提供更好的环境。

　　仔猪的保育关系到种猪场的经济效益，也是种猪场重中之重的核心工作。借助成套的设备代替人工，对仔猪高效科学地管理能显著提高成活率，避免不必要的损失，其中仔猪的保育栏位系统就是关键的环节（图 6-2）。仔猪的保育栏位系统多采用复合材料，且材料具有抗菌功能和保温性能。另外，笔者团队采用自主开发的仔猪保育栏通过计算机仿真的方式来模拟仔猪的饲养过程，用来对猪场管理人员进行管理培训，从而实现智慧猪场专业工人的职业培训。虚拟仿真的猪舍内，仔猪专用的饲喂、饮水、地板、环控等设备一应俱全，实现了沉浸式的职业技术培训。

图 6-3　种公猪及护理围栏

6.2　种猪护理装备

　　种猪是猪场的核心竞争力。种公猪的质量很大程度决定了仔猪的生长速度、健康状况及形体状况（图 6-3），因此对种公猪的管理一直是大型种猪场的核心工作。智慧猪场建设时，种公猪护理主要包括种公猪护理围栏、精液质量管理和分析等。

智慧猪场建设
与装备　　｜　Construction and facilities
of smart pig farm

对种公猪进行精液质量管理和分析，对于确保母猪顺利受孕至关重要。该装备采用机器视觉技术，先将样本放入测量仪中，测量仪通过蓝牙连接到手机，利用手机应用程序自动获取种公猪的精液信息，为种猪场受孕提供科学指导（图 6-4）。

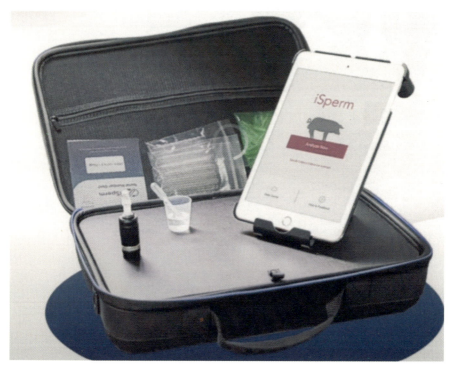

图 6-4　种公猪精液分析装备

6.3 分娩产床装备

　　分娩产床为母猪提供一个最佳的分娩环境，有助于母猪顺利产仔。笔者团队设计的精铸铁地板，外表光滑不会伤到母猪。仔猪的地板采用加厚塑料，在塑料地板的背面，结构上设计了两个加强筋，地板支撑采用加强型玻璃钢。试验表明，这两种地板的选用在实际生产中，避免了母猪和仔猪磕碰受伤，增加了舒适度。

　　还要对妊娠母猪定期进行超声检测，通过智能系统定期获取母猪分娩前的健康状况（图6-5）。

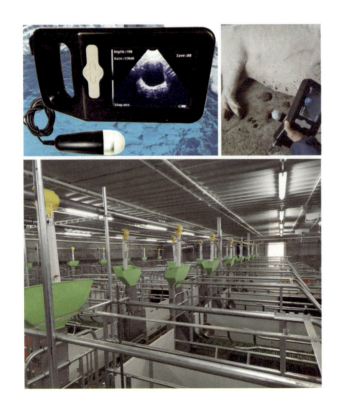

图6-5　分娩产床装备及超声检测装备

智慧猪场建设
与装备　　｜　Construction and facilities
of smart pig farm

6.4 仔猪隔离装备

　　仔猪的隔离是一种有效的保护措施。利用围栏将哺乳仔猪与母猪隔离开，避免母猪躺卧后压住仔猪，导致仔猪窒息。围栏多采用钢管制成，长期使用后会生锈，但围栏不能刷油漆，以免对仔猪产生不利影响（图6-6）。

　　应将仔猪与母猪进行隔离管理，并要注意保暖，需要在原有猪舍温度调节之外，采用加热灯对仔猪所在区域进行加热和保温。国外公司开发一种仔猪电热保温板，该设备上表面使用一种热敏可逆变色材料，该材料在预设的最高温和最低温时会变色。这样如果保温板发生加热问题，生产者可以直观地看到（图6-7、图6-8）。

图6-6　仔猪隔离装备

图6-7　仔猪加热设备

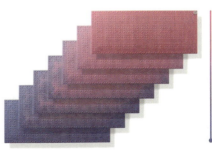

图6-8　带有颜色指示的仔猪电热板

6.5 仔猪保育设备

　　仔猪的保育设备（图 6-9）是提升仔猪成活率，加快仔猪增重的有效支撑。规模化饲养断奶后的仔猪要建设专门的猪圈，猪圈的上方单独布置通风管路，笔者团队采用一道或两道镀锌管给猪圈栏体内部进行通风透气。猪圈围栏采用 500mm 或 600mm 高的 PVC 围栏，起到了很好的保温作用；在靠墙位置设计保温盖，实现精准保温；猪圈内设有特定的料槽选，料槽可避免仔猪进食不会互相撞击。

图 6-9　仔猪保育设备

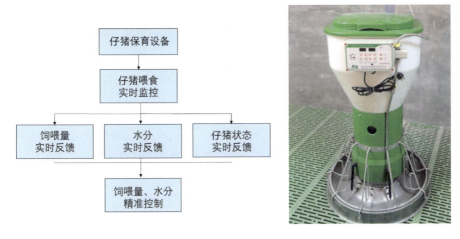

图 6-10　仔猪保育装备适用的控制流程图和某款产品实物

图 6-11　仔猪保育猪舍

　　仔猪的保育也可以采用智能化的装备，如采用粥料机可以实现对饲喂进行灵活管控，有利于仔猪饲喂量和水分的精准控制（图 6-10、图 6-11）。

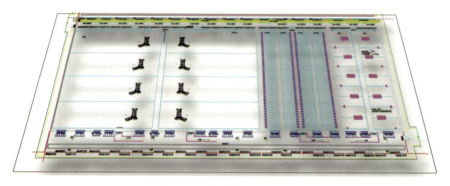

图 6-12　妊娠管理装备布局

6.6　妊娠管理系统

妊娠管理系统专为母猪设计，母猪转入群养时间为配种后 28～35d，通过系统管理母猪能确保母猪受胎更稳定；基于系统可以实现母猪妊娠期系统全程精准饲喂，膘体管理均衡；母猪妊娠后期大群饲喂，提高了母猪运动量，使母猪更健康，可最大限度发挥母猪生产性能。笔者团队设计了一种妊娠装备系统，针对一个养殖 400 头母猪的猪舍，单体围栏和精准饲喂器设计了 336 个，电子群养饲喂站设计了 10 台（图 6-12）。

表 6-1　妊娠管理方案

相关工艺	管理方案
单体栏（断奶－配种）	5～6 周（断奶 1 周，配种 4～5 周）
群养周	11 周
分娩－哺乳	4 周
单周配种头数	64
入群养头数	56（2 批）
单周分娩	26

智慧猪场建设
与装备　｜　Construction and facilities
of smart pig farm

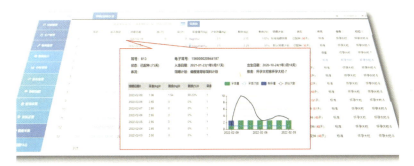

图 6-13　妊娠管理系统界面

　　妊娠管理装备和对应的妊娠管理系统配套使用，可对母猪的健康状况信息进行动态监管，按照表 6-1 妊娠管理方案进行设定，系统会智慧化地进行管理，根据需要系统可对母猪的紧急情况进行远程预警（图 6-13）。

<h2 style="text-align:center;color:blue">本章小结</h2>

　　本章围绕智慧猪场保育装备，从保育栏位装备、种猪护理装备、分娩产床装备、仔猪隔离装备、仔猪保育设备、妊娠管理系统等六个方面阐述繁殖保育环节的装备开发应用情况。

智慧猪场建设
与装备

Construction and facilities
of smart pig farm

7
智慧猪场预防装备

智慧猪场建设
与装备

Construction and facilities
of smart pig farm

图 7-1　自动注射装备

　　猪场通常采用一次性注射器进行疫苗注射，采用抽样方法进行疾病检测，这些做法存在消耗品的成本高、疫苗猪舍的作业效率低等瓶颈问题，尤其对于大规模猪场而言，这些问题更加突出。要提高猪场的精准管理，采用自动化的装备是一种行之有效的思路，可有效解决上述问题。

7.1　自动注射装备

　　自动化注射泵包括疫苗瓶、注射头、把手、计量泵、电机和蓄电池等几部分。疫苗瓶可以直接旋拧到注射器上，每次作业手持把手部分，直接靠近猪的注射点，针头快速伸出刺入，计量泵根据预先设定的注射量自动进行加压和计量，通过电机和蓄电池可进行间歇式的注射，注射完后更换针头进行下一次注射（图 7-1）。

智慧猪场建设
与装备

Construction and facilities
of smart pig farm

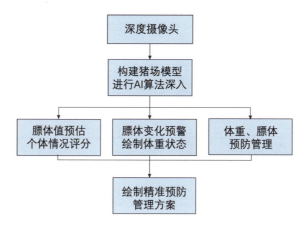

图 7-2　AI 巡检装备实物和系统结构框图

7.2　AI 巡检装备

　　基于深度摄像头，构建猪场体重、膘体模型，进行 AI 算法深入学习后，AI 巡检机器人进行智能体重、膘体评估健康预防管理。输出对应品系猪只膘体值预估、对应品系猪只体况评分，对于群体猪只膘体变化进行预警，提供猪只状态体重曲线；并进一步基于 AI 巡检系统（图 7-2）膘体评定结果进行猪只预防管理方案，实现依据母猪体况变化精准预防。

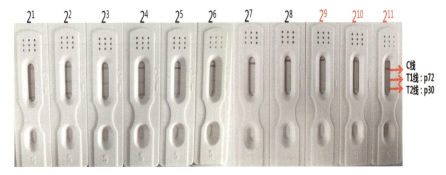

图 7-3　非洲猪瘟兽医诊断试剂盒

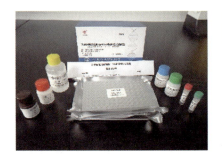

图 7-4　非洲猪瘟病毒阻断 ELISA 抗体检测试剂盒

7.3　突发疾病快检

　　非洲猪瘟兽医诊断是工作量巨大、任务很重的环节，解决好这个问题对于猪场发展至关重要。笔者所在的中国农业科学院都市农业研究所王琦团队在猪场突发疾病预防环节做了大量研究，所研发的非洲猪瘟兽医诊断试剂盒可快速对猪场疫情进行诊断，可有效避免进一步的损失（图 7-3）。

　　非洲猪瘟病毒阻断 ELISA 抗体检测试剂盒，可适用于所有地区动物非洲猪瘟病毒抗体检测及流行病学调查（图 7-4）。

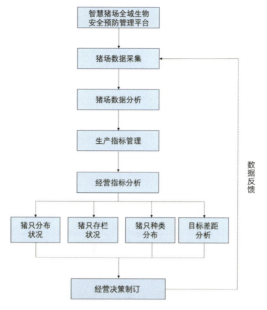

图 7-5 生物安全管理平台结构框图和软件界面

7.4 生物安全管理平台

从生物安全角度开展预防工作，首先对猪场出入进行分区管理，再对清洗装备运行进行监管，并把猪舍进行分区精细化管控，对猪只的异常行为进行预警（图 7-5）。

登录/配置员工　　　　人、车、物登记

事件审批　　　　　　流程查看

图 7-6　移动终端生物安全预防管理软件

7.5　移动终端生物安全预防管理软件

　　生物安全预防管理是智慧猪场的头等大事，也是需要倾注大量人力和物力的难题，需重点关注。笔者团队也一直探索基于移动终端智能手机开展生物安全管控的技术模式。为了让管理者随时随地能够动态地管控和监督猪场的生物安全，笔者团队开发了基于移动终端生物安全预防管理软件，该软件采用主动侦测和自动报警的方法，通过分发授权和区块链监督，让智慧猪场预防工作实现简单快捷（图7-6）。

智慧猪场建设　 Construction and facilities
与装备　　　　 of smart pig farm

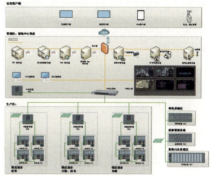

图 7-7　智慧猪场全域生物安全预防管理平台

7.6　智慧猪场全域生物安全预防管理平台

　　杜绝死角，消除安全隐患，笔者团队开发了智慧猪场全域生物安全预防管理平台（图 7-7），实现猪场的立体全方位管控。

　　预防管理平台还可提供其他技术服务。管理层可通过系统统计的汇总数据快速查看猪只分布情况、存栏情况、各类别猪只的存栏数量，系统根据基础系统所采集的数据综合分析各场的生产指标，并对各生产管理指标进行排名。

　　在经营决策过程中，通过平台对猪场整体生产管理细节进行分析，为经营管理提供指标目标差距分析，也可对猪场经营决策进行模拟，对现场执行力进行监督。

图 7-8 猪咳嗽分析系统

7.7 猪咳嗽分析系统

近年来，国际上对智慧猪场预防装备的研究越来越聚焦。国外企业开发的猪咳嗽分析系统（SoundTalks）从 2023 年开始推广应用，该系统用于在猪的生长期和育肥期持续监控猪的呼吸道健康状况，配备有 6 个麦克风的监测器能记录所有的噪声，并能通过算法区分出咳嗽的声音。该系统可以比养猪人提前5d 发现咳嗽，并且可以通过红绿灯系统或智能手机应用向生产者发出警告，使其能够迅速采取行动，有助于减少抗生素的使用（图 7-8）。

本章小结

本章围绕智慧猪场预防装备，从自动注射装备、AI 巡检装备、突发疾病快检、生物安全管理平台、移动终端生物安全预防管理软件、智慧猪场全域生物安全预防管理平台、猪咳嗽分析系统等七个方面对目前智慧猪场建设应建设的疾病预防智能装备及其配套软件进行了总结分析，为智慧猪场建设提供参考。

智慧猪场建设
与装备

Construction and facilities
of smart pig farm

8
智慧猪场承包建设

智慧猪场建设
与装备

Construction and facilities
of smart pig farm

图 8-1　生产基地　　　　　　　　图 8-2　生产基地配备多种大型生产装备

　　智慧猪场是当前养殖领域的研究热点，国内外诸多大型企业都围绕智慧猪场建设的需要，将智能化技术的突破作为重点。笔者团队 10 年来一直坚持"产学研用"一体化的科研创新思想，对智慧猪场关键技术和智能装备进行了研究和示范。笔者团队立足四川是养猪大省的产业基础优势，着眼四川、重庆和整个西南，在智慧猪场建设领域不断进行尝试。目前研究成果已经辐射全国，在我国诸多智慧猪场都进行了应用示范。

　　同时笔者团队尝试多方面破解企业难题，和企业一起按照科研攻关开路、技术创新铺道的思路，通过科技创新和系统集成实现"两手抓，两手都要硬"的目标，积极投标国内外知名智慧猪场建设项目，通过十多年承包建设智慧猪场的经历，熟悉了生产一线的需求和痛点，疏通了科学研究的困扰和瓶颈，从硬件和软件两个方面，全面实现了智慧猪场全流程的科学建设。

8.1　智慧猪场建设硬件保障

　　笔者团队坚持"产学研用"一体化的创新模式，引入和培育了多个国内有影响力的科技企业，在智慧猪场建设领域中标和建成了多个重点工程，在行业中取得了很好的影响力。为了确保项目"保质保量"完成，围绕智慧猪场装备生产及售后，笔者团队建设了自主研发和生产基地（图 8-1）。

　　生产基地配备多种大型生产装备 (图 8-2)。整个加工所需的装备一应俱全，可确保智慧猪场的建设工期，以及智慧猪场装备的质量稳定性。

智慧猪场建设
与装备　|　Construction and facilities
of smart pig farm

图 8-3　通过无人机获得完整的三维数字地图

8.2　智慧猪场建设软件保障

笔者认为，广义的猪场设计是从选址开始直至项目进入稳定运行维护阶段才结束，贯穿于整个项目全过程。近年来，猪场设计的重要性逐渐获得了大家的认可。项目选址及规划的好坏决定了猪场能否在复杂的生物安全环境下持续运行，规划及工艺细化设计的好坏决定了整个生产流程及管理是否合理，施工设计的好坏决定了猪场能否以更低、更科学的成本完成猪场建设。

笔者团队孵化了四川省鑫牧汇科技有限公司，团队成员为智慧猪场设计和商业化运营提供竞争性方案，为猪场建设提供完善的软件技术支撑，包括猪场选址、施工图设计等，在长期的智慧猪场建设中，团队不断摸索新技术、新方法，对智慧猪场进行科学合理的设计和施工。

猪场选址作为猪场建设的第一步，其重要性作用不言而喻。团队运用多项技术手段，多角度、多维度进行猪场选址，能够在保证生物安全需求的基础上选择更经济、更合理的地块，为客户节约时间和经济成本。

无人机在空中获取猪场周边的地貌图像信息，通过计算处理获得完整的三维数字地图，并将之作为基础地图，再通过数字地图分析地形条件（图 8-3）。

图 8-4 计算机筛选的最佳建设地点

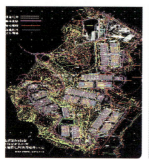

扩繁区：平层
300 头母猪

养殖一区：2 栋楼房
1400 头母猪

养殖二区：1 栋楼房
700 头母猪

生活办公区

养殖三区：1 栋楼房
700 头母猪

环保区

图 8-5 施工图的设计

　　通过计算机反复筛选最佳的建设地点，从交通、气流、海拔、生物安全等多个维度评估选址的合理性，依据评估得分按照方案的优缺点和合理性进行排名，为后续的方案论证提供多种选择，储备后备方案（图 8-4）。

　　根据确定的建设地点进行施工图设计（图 8-5）。逐一确定各种设计图纸的细节数据，经过多人、多级分工校验和复核无误后，组织专家进行设计参数合理性的技术论证。通过技术论证后，进行施工前的准备，包括图纸关键参数的加密和图纸备份工作。

智慧猪场建设
与装备

Construction and facilities
of smart pig farm

图 8-6　猪场三维建模

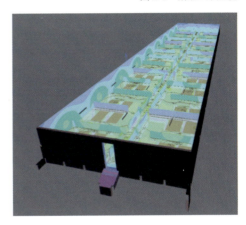

图 8-7　猪场建设方案的模拟

　　为了方便专家评审及后续技术交流，设计定稿完成后，需要进行各单体工艺详图设计，团队会对猪场的施工图纸进行三维建模，通过三维模型直观显示猪场建成后的视觉效果。三维模型也可用于后续的气流仿真模拟，提高智慧猪场设计的科学性（图 8-6）。

　　在满足生物安全及生产需求下的前提下，要对猪舍的建设方案进行精细的计算机模拟仿真（图 8-7）。主要目的是节约成本，高效利用，基于计算机的新技术和新方法对现有工艺方案进行深度设计及验证。

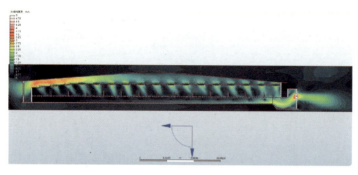

图 8-8　猪场内外的通风模拟

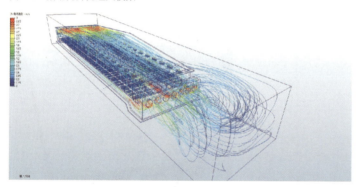

图 8-9　猪舍内的气流速度仿真

　　通风是猪场至关重要的一个环节，通风设计关系到能源消耗、保持空气新鲜度和减少窒息闷死损失等重大问题，因此对猪舍内外的流体模拟是团队非常关心的环节，要反复模拟和论证通风气流的情况，提高猪舍内外的通风性能（图 8-8）。

　　除了猪舍内外气流交换外，猪舍内部的气流风速也是关注的重点，要确保猪场的重点部位有适宜的空气流动。科学地规划和设计猪舍内的气流速度，有助于减少猪舍内病原体的数量，提高猪舍内舒适度，节约温度调控装备的电量。笔者团队采用计算机模拟仿真的方式研究猪舍的气流对环境的影响规律，并通过研究不同风速对猪的躁动的影响，将风速调控到最佳的范围之内，既能保证空气流动还能避免猪受凉（图 8-9）。

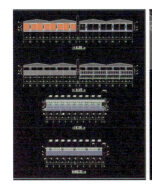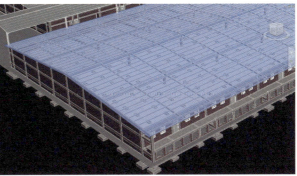

图 8-10　设计图局部的优化调节

图 8-11　数字化猪场模拟场景

　　基于上述全链条的模拟仿真后，就可以根据需要再次调整猪舍的设计高度，进行局部的优化调节（图 8-10、图 8-11）。

图 8-12　行业荣誉证书

　　笔者团队所在地四川是养猪大省，省市有关部门高度重视猪产业的健康发展，制定了一系列行业发展的引导文件。笔者团队参与起草了四川首个智慧猪场建设和装备的地方标准（《数字农业物联网基地建设规范　第 4 部分：生猪畜禽养殖》）。

　　笔者团队对智慧猪场建设和装备研究对产业的发展起到了推动作用，在科研及示范推广的基础上，作者团队也积极开展行业技术创新及交流，获得了相关的行业协会荣誉证书（图 8-12）。

<h2 style="text-align:center">本章小结</h2>

　　本章围绕承包建设智慧猪场，论述了笔者团队对于如何承包建设智慧猪场所做的努力，从智慧猪场建设硬件保障、智慧猪场建设软件保障两个方面，分享笔者团队建设智慧猪场的思路和保障，为未来智慧猪场建设提供参考。

9
智慧猪场建设案例

智慧猪场建设
与装备

Construction and facilities
of smart pig farm

笔者团队通过 10 多年的不断探索，总结了丰富的猪场设计和建设经验，完成了一批有代表性的智慧猪场建设，带动了一批有影响力的装备生产企业，影响了一批科学养猪的企业。参与建设的案例完整体现了笔者团队的研究进展，可以供广大读者借鉴，由于诸多猪场投产后不能入内参观，因此案例仅作概括性的描述。主要参与建设的的代表性猪场经典案例简单介绍如下：

106　　智慧猪场建设
与装备　Construction and facilities
of smart pig farm

（1）成都旺江母猪场养殖基地（图9-1）

该猪场属于成都旺江农牧科技有限公司，设计养殖1 200头母猪（图9-1）。

图9-1 成都旺江母猪场养殖基地

（2）重庆六九原种猪场基地（图9-2）

该基地设计养殖9 000头母猪。

图9-2 重庆六九原种猪场基地

（3）成都市种畜场（图9-3）

图9-3　成都市种畜场

（4）新希望眉山猪场基地（图9-4）

该基地设计养殖13500头。

图9-4　新希望眉山猪场基地

智慧猪场建设
与装备

Construction and facilities
of smart pig farm

（5）新希望自贡铁厂镇猪场（图9-5）

该基地设计养殖 6 750 头母猪，另外还有 72 000 头保育育肥存栏。

图9-5　新希望自贡铁厂镇猪场

（6）黄山黟县黑猪产业基地（图9-6）

图9-6　黄山黟县黑猪产业基地

（7）山西长荣母猪场基地（图9-7）

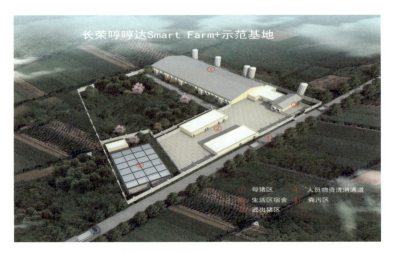

图9-7　山西长荣母猪场基地

（8）嘉吉饲料公司全球研发中心（图9-8）

该基地设计为2 400头母猪自繁自养场。

图9-8　嘉吉饲料公司全球研发中心

智慧猪场建设
与装备　　Construction and facilities
of smart pig farm

（9）四川铁骑力士三台斯尔吾基地（图9-9）

该基地设计养殖2 400头母猪。

图9-9 四川铁骑力士三台斯尔吾基地

（10）广东天农兴隆高效保育育肥场（图9-10）

图9-10 广东天农兴隆高效保育育肥场

（11）温氏徐州李集保育育肥场基地（图9-11）

该基地设计养殖40 000头。

图9-11　温氏徐州李集保育育肥场基地

（12）四川天府集团俏主儿公司碧玉寺养殖基地（图9-12）

该基地设计养殖4 500头母猪。

图9-12　四川天府集团俏主儿公司碧
玉寺养殖基地

本章小结

　　本章围绕智慧猪场建设案例，简单罗列了笔者团队参与建设的猪场鸟瞰图，对成功案例进行分享，为未来需要进行智慧猪场建设的企业提供参考。

智慧猪场建设
与装备

Construction and facilities
of smart pig farm

10
展望与建议

智慧猪场建设
与装备

Construction and facilities
of smart pig farm

10.1 展望

近年来，猪产业突飞猛进的发展得益于国内饮食结构中猪肉的需求增加，猪场的建设水平也随之快速进步，不断朝着信息化、数字化和智能化的方向发展。猪场技术装备发展走出了人工喂养—机械辅助—自动控制—智能系统的发展道路，通过产业升级，逐步走上智慧化猪场的发展模式。

未来智慧猪场建设将关注绿色、环保、节能、智慧的主题，从产业结构升级、企业发展定位和用户实际需求出发，更好地为产业的升级换代提供支撑。

（1）绿色生产技术及装备将贯穿猪场生产全过程

生物安全将通过智能装备得到保证，生产过程对品质的把控将更加严格，饲喂装备自动添加药剂将得到严格追溯。

（2）环保要求将不断升级

排泄物、病死猪以及其他污染物的监管将采用智能化装备实现。

（3）节能技术将广泛应用

猪场的设计将关注通风和调温装备，更加倾向于采用个性化的装备，装备功能的细分将更加明显。

（4）智慧化的理念将更加深入人心

关键环节的智慧化将逐步朝着关键细节智慧化的方向发展。

智慧猪场建设
与装备

Construction and facilities
of smart pig farm

10.2 建议

　　智慧猪场装备的发展是个复杂的系统工程，既要循序渐进，又要抢占高位，要站在产业结构的高度制定装备的发展战略，主要有以下建议：

　　一是要围绕利润点，有的放矢。饲料是成本的大头，配套的智能装备要注重细节，要从开源节流的角度出发，通过装备的应用提高利润。

　　二是要突出重点，不要一概而论。做好智慧猪场的薄弱环节，抓住关键节点就能有显著收效，物联网平台建设等尤其要注意。

　　三是要做好后期运行维护（简称运维）。探索成熟的商业模式，加快专业运维队伍是保证智慧猪场健康发展的关键环节。

　　总而言之，智慧猪场的建设和运维是个新课题，也是个难题，不要想当然地认为引进国外技术了，或者采用某个成熟的工业技术就能解决问题，应开动脑筋，思考症结在哪里，通过生产反复验证和优化，把智慧猪场装备这个手段用好、用足，开创智慧猪场装备的美好明天。

后记

非常荣幸能够为大家带来全新的一本科普性质的著作——《智慧猪场建设与装备》。这本书是经过我们团队多年的实践、研究和总结编写而成，旨在为广大养猪从业者提供一份全面、系统的指导手册，帮助大家更好地了解智慧猪场的建设和装备应用。

撰写这本书的念头，起源于 2019 年 6 月 6 日，著者团队承担了重庆市重点项目"生猪智能化养殖技术集成与装备研发"，在梳理团队相关研究积累的时候，深感缺乏一本体系化介绍商业化运作的智慧猪场智能装备的资料集是如此的不方便。在此之后，团队就开始将这本学术著作的撰写工作正式列入计划。由于科研任务很重，这本书按照"边科研、边推广、边写书"的思路，耗时 4 年最终才完成了书稿。非常幸运的是，这 4 年正好赶上了智慧猪场建设的热潮，该研究就恰逢其时地和产业快速发展融为一体，创新的成果也得以快速的推广应用，这也成为本书最大亮点之一。

作为一名猪场从业者和科技工作者，我们深知养猪行业的发展面临着诸多挑战和机遇。随着社会经济的快速发展，人们对于食品安全和质量的要求越来越高，消费者对于健康养殖和环保养殖的呼声也越来越强烈。在这样的背景下，智慧猪场的建设和装备应用正成为行业转型升级的必然趋势。

本书主要以智慧猪场建设和装备应用的实践为基础，旨在为广大养猪从业者提供一份系统、全面的指南，帮助大家更好地了解智慧猪场的建设和装备应用。本书涵盖了智慧猪场多个方面。通过本书的学习，读者可以了解到智慧猪场建设的基本原理和技术路线，掌握智慧猪场装备的选择、应用和维护技能，提高养猪效率和质量，推动猪场升级转型。

　　当然，想要实现智慧猪场的建设，单靠一本书是不够的，需要我们每个人的努力。我们应该积极参与科技创新，加强对行业动态的关注和学习，不断提高自身素质和技能水平。只有这样，我们才能为行业发展贡献自己的力量。

　　我们深知本书的编写离不开各位专家、学者和同行的支持和帮助，感谢大家为本书的成稿提供宝贵意见和建议。同时也感谢广大读者的支持和关注，希望本书能够为您的工作和生活带来一些启示和帮助。

　　最后，我们衷心希望全球养猪行业能够更加健康、环保、高效发展，让我们共同为此而努力！

著者团队

2023 年 8 月 6 日

四川省鑫牧汇科技有限公司

畜牧工程EPC整体解决方案服务商

　　四川省鑫牧汇科技有限公司是一家集畜牧机械设备、环保设备、实验室设备科研、设计、生产、销售、服务于一体，以"汇集牧业鑫科技 提供养殖心服务"为理念的现代化农牧企业。目前公司拥有员工220余人，生产车间25000平方米，其中青岛基地9000平方米，四川生产基地4000平方米，环保基地12000平方米。公司主要客户为温氏、新希望、铁骑力士、天农等国内一线养殖企业。2015年以来，累计服务母猪场存栏头数超过30万头。

地址：四川省成都市双流区西航港大道2009号3号楼
电话：028-85861810/ 466 999 7060　　网址：WWW.SCXMH.CN

公司主营业务为猪场EPC建设工程，包含猪场规划及施工设计，土建钢结构施工，设备采购、安装及售后服务，环保工程。公司不断创新创造，拥有发明专利1项，实用新型专利20项，软件著作权1项，具备建筑工程总承包叁级资质、环保工程专业资质及施工劳务资质。

EPC交钥匙工程

猪场设计　　**设备系统**

生物安全系统　　**物联网"慧养"平台**

慧牧宝——数智化猪场设备维保平台

畜牧耗材供应

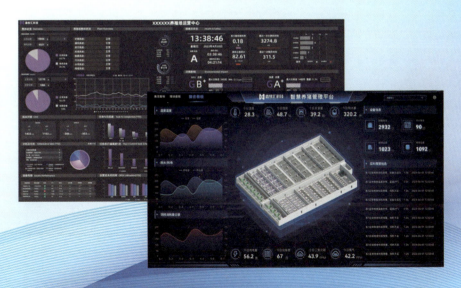

鑫牧汇始终秉持"创新融合 高效可靠 用爱服务 成己达人"的价值观
致力于为客户建设20年安心好猪场！